ALFRED DOUSSAUD

TRAVAUX PUBLICS

LES ENTREPRENEURS DES FORTS

CONSTRUITS

de 1874 à 1878

Toute peine mérite salaire.
(Sagesse des nations.)

« C'est une question de savoir s'il faut
« souhaiter que les gens qui traitent avec
« le gouvernement fassent de bonnes ou
« de mauvaises affaires. Eh bien ! je pense
« que ce n'est pas un malheur pour le
« gouvernement *que l'on fasse bien ses*
« *affaires avec lui.* »

Thiers. — Discours à la Chambre des députés. Séance du 6 mai 1834.

PARIS

IMPRIMERIE A. LANGELIER ET LARGUIER

17, RUE DE L'ÉCHIQUIER, 17

1879

ALFRED DOUSSAUD

TRAVAUX PUBLICS

LES ENTREPRENEURS DES FORTS

CONSTRUITS de 1874 à 1878

Toute peine mérite salaire.
(Sagesse des nations.)

« C'est une question de savoir s'il faut « souhaiter que les gens qui traitent avec « le gouvernement fassent de bonnes ou « de mauvaises affaires. Eh bien ! je pense « que ce n'est pas un malheur pour le « gouvernement *que l'on fasse bien ses « affaires avec lui.* »

Thiers. — Discours à la Chambre des députés. Séance du 6 mai 1834.

PARIS
IMPRIMERIE A. LANGELIER ET LARGUIER
17, RUE DE L'ÉCHIQUIER, 17

1879

AVANT-PROPOS

Je considère comme un devoir de publier cette brochure qui, ainsi que les articles que j'ai fait paraître sur le même sujet, dès le 25 octobre 1878, dans le journal l'*Union de la Finance et des Travaux publics,* n'a d'autre but que d'appeler l'attention et de porter quelques éclaircissements sur une situation des plus intéressantes : celles des entrepreneurs des forts construits en 1874, pour le compte de l'Etat, ayant, presque tous, subi des pertes considérables en exécutant leurs travaux.

Amené par des circonstances fortuites à l'examiner de très-près, il est résulté pour moi, de cet examen, la conviction profonde que jamais pertes ne furent plus imméritées.

Les entrepreneurs dont la capacité et l'honorabilité sont constatées, par le choix même qui avait précédé les adjudications, ont été victimes d'événements aussi imprévus que désastreux, constituant au premier chef des *cas de force majeure.*

Les mécomptes ou les ruines qu'ils ont subis,

après un travail acharné, les plus louables efforts, ne peuvent leur incomber.

Je crois donc qu'à tous égards : dans l'intérêt de ces travailleurs dévoués, entraînés par leur patriotisme, comme dans l'intérêt du Gouvernement Français, qui ne peut s'enrichir de leurs sacrifices, il faut que la lumière soit faite sur cette situation, et qu'une enquête, sous forme d'expertises, fasse connaître comment et pourquoi des hommes d'une valeur indiscutable, pour la plupart enrichis par toute une vie de travail, ont perdu, en quelques années et dans des conditions identiques, la fortune qu'ils avaient honorablement acquise ou compromis les capitaux qui leur avaient été confiés.

Je suis d'autant plus à l'aise pour traiter cette question, dans laquelle je suis absolument désintéressé, que, laissant de côté les individualités, je cherche avant tout la vérité, me préoccupant seulement des points généraux, c'est-à-dire de l'ensemble des intérêts atteints comme des causes qui les ont compromis, et ne demandant autre chose qu'une bonne et prompte justice.

Aussi est-ce avec le sentiment du devoir accompli et l'impartialité de l'historien que je livre avec confiance cette étude à l'appréciation de notre véritable souveraine : l'opinion publique.

A. Doussaud.
Avocat.

GÉNÉRALITÉS

LES

ENTREPRENEURS DES FORTS

CHAPITRE PREMIER.

CIRCONSTANCES GÉNÉRALES DANS LESQUELLES ONT EU LIEU LES ENTREPRISES DES FORTS.

Tout le monde sait qu'en 1874, la France était ouverte de tous côtés, menacée de dangers encore plus grands que ceux qui, en 1870, avaient mis son existence en péril.

Dans un but de défense et pour faire face à des nécessités impérieuses, une loi fut votée, en 1873, ordonnant la construction de nombreux forts destinés à garder nos frontières et à entourer Paris d'une vaste ligne de protection.

Les entrepreneurs les plus expérimentés et les plus habiles s'empressèrent de concourir à cette œuvre patriotique en soumissionnant les travaux à exécuter.

Leur nombre avait été limité ; tous ne furent pas autorisés à concourir. L'État voulait pouvoir compter sur ceux qu'il admettait à l'adjudication.

Ce fut donc après un examen sévère des candidats qu'une liste fut dressée. On peut dire qu'elle fut, pour tous ceux dont les noms y figurèrent, un certificat de capacité basé sur des états de service sérieux, et l'exécution de travaux de premier ordre.

Ils sont assez connus.

Au moment de l'adjudication, les entrepreneurs, comme du reste les officiers du génie, chargés de la direction des constructions, étaient intimement convaincus qu'il y aurait pour tous, dans l'accomplissement de cette grande œuvre, honneur et profit; aussi n'hésitèrent-ils pas à consentir des rabais, ou à demander des augmentations modérées.

Ils ne pouvaient pas admettre, et n'admettaient pas, en effet, que, dans un travail aussi considérable, aussi utile, aussi national, demandant les connaissances les plus variées, des crédits de premier ordre, des outillages spéciaux, des matériels coûteux, il pût y avoir des mécomptes pour les hommes de l'art, désireux de bien faire et prêts à tous les sacrifices pour rendre à leur patrie la sécurité qu'elle avait perdue.

Malheureusement, les circonstances défavorables qui se produisirent déjouèrent tous les calculs. On peut dire que du premier au dernier, presque tous les entrepreneurs des forts subirent des pertes imméritées : très-lourdes pour tous, écrasantes pour certains, ruineuses pour quelques-uns.

On vit alors des hommes reconnus d'une capacité parfaite, ayant déjà fait les travaux les plus difficultueux, malgré les efforts les plus honorables, tomber en cours d'exécution, ou arriver péniblement, à la fin de leur tâche, à une ruine complète, accablés qu'ils étaient par des imprévisions désastreuses venant augmenter des difficultés très-grandes.

Et cependant personne n'a failli à sa tâche.

Impossible de ne pas applaudir au zèle déployé par les officiers du génie.

Impossible de ne pas s'incliner devant le sentiment du devoir, avec lequel, malgré les obstacles de toute nature qui les arrêtaient à chaque pas, la ruine qu'ils apercevaient devant eux, les entrepreneurs ont courageusement terminé pour la plupart leur tâche, grâce aux plus constants efforts.

Quelques-uns ont vu, en peu d'années, s'engloutir une fortune aussi honorablement que péniblement acquise; d'autres dans l'impossibilité de continuer des sacrifices qui les avaient épuisés, ont sombré sous des charges trop lourdes, rencontrant la faillite là où ils avaient le droit d'attendre un bénéfice assuré; les moins malheureux se sont trouvés, en fin de compte, en face d'un passif considérable à éteindre, avec un avenir compromis; mais ils ont achevé leur tâche ou sont morts à la peine.

La conclusion fatale et malheureusement trop vraie, est que tous, à une ou deux exceptions près, tous, nous le répétons, après un travail acharné, une persistance des plus honorables, ont perdu des sommes proportionnellement énormes dans les entreprises des forts.

Il n'y a pas eu incapacité, négligence, mauvaise direction, crédit insuffisant, outillage défectueux, personnel inhabile.

Au contraire, chacun disposant de tout ce qui était exigé par la nature des travaux, a fait preuve des aptitudes nécessaires et d'une connaissance parfaite des ouvrages à établir.

Et on peut dire qu'en général, tous les éléments de succès étaient entre les mains des entrepreneurs.

Quelle est donc la cause des désastres éprouvés?

C'est ce que nous nous proposons d'examiner. Mais avant, il est indispensable d'indiquer dans quelle situation réciproque se trouvaient les ingénieurs militaires qui ont dirigé les travaux et les entrepreneurs qui les ont exécutés.

CHAPITRE II

ÉTAT DE NOS FORTIFICATIONS AVANT LA GUERRE DE 1870.

Avant 1870, notre mode de fortifications était singulièrement arriéré ; notre infériorité, sur ce point, a été trop cruellement démontrée pour qu'il soit possible de la nier.

Nous étions encore dans l'ornière, encroûtés dans les vieux systèmes qui étaient à l'artillerie actuelle ce que seraient des canons du temps de Louis XIV aux forts nouveaux qui environnent Paris.

Cependant l'art de la fortification, qui se résume à « faire en sorte qu'un petit nombre de troupes puisse se défendre contre un plus grand, » doit avant tout se mettre à la hauteur de la science de l'attaque, et se perfectionner de façon à pouvoir opposer aux nouveaux moyens offensifs des moyens plus puissants de défense.

Il ne se réduit pas, comme le croyait l'ancienne école Française, à organiser la résistance passive, mais il doit, au contraire, donner à la fortification des propriétés tactiques qui lui permettent de prendre l'offensive et d'attaquer elle-même les points sur lesquels veut s'établir l'assiégeant.

Malheureusement, pendant que nous étions encore en France au tracé de Vauban et au système suranné des bastions, si faciles à envelopper et à prendre à revers, les écoles militaires étrangères, tenant compte : des progrès réalisés par l'artillerie, de l'augmentation de portée des nouvelles pièces de canon, de la précision de plus en plus parfaite du tir, enseignaient et appliquaient les vérités élémentaires qui précèdent et formaient des officiers spéciaux, tout à fait au courant des découvertes scientifiques de leur temps.

C'est, en effet, une vérité historique fâcheuse à constater que vainement, dès le siècle dernier, Carnot, dans son livre *de la Défense des places*, et le général de Montalembert, dans son traité sur la *Fortification perpendiculaire ou l'art défensif supérieur à l'art offensif*, avaient fait justement la critique du *Tracé bastionné* et proposé de le remplacer par des tracés rationnels, tels que la *Fortification à tenailles*, composée de deux enceintes concentriques : le *corps de place* et le *couvre-face général*, et la *fortification polygonale*, appelée aussi *à caponnières*, parce que les fossés sont défendus par des *caponnières* casematées, placées sur le milieu du front.

Leurs noms étaient à peine cités dans nos écoles, et nos ingénieurs, oubliant ou dédaignant leurs ouvrages, aujourd'hui si estimés, continuaient à étudier les tracés d'Errard, ingénieur d'Henri IV, du comte de Pagan, maréchal de camp en 1664, et surtout ceux de Vauban, maréchal de France, mort en 1707, et de Cormontaigne, son successeur.

Mais, pendant ce temps, les Allemands, opérant une réforme radicale dans l'art de fortifier les places, s'emparaient des systèmes ingénieux imaginés par Carnot et Montalembert, et, mettant en pratique leurs admirables principes, construisaient, de 1825 à 1851, les fortifications formidables de Coblentz, Rastadt, Germsheim, inaugurant ainsi le nouvel art qu'on appelle la *fortification allemande*, sans qu'on semblât s'en douter ni qu'on en prît le moindre souci en France.

Il ne fallut rien moins que la guerre de 1870 pour nous faire toucher du doigt notre erreur.

Alors une réaction violente s'opéra, on comprit que nous devions, sous peine de mort, nous mettre au niveau de nos voisins.

Un nouveau mode de fortification fut adopté et appliqué aux forts à construire.

On sait quel il est, en quoi il consiste, d'où il tire son origine.

Mais il est certain qu'il a été appliqué en France pour la première fois en 1874, qu'il y était presque inconnu avant 1870 et qu'il était absolument nouveau pour le corps du génie chargé de l'inaugurer.

Il faut, en effet, remarquer que notre corps spécial militaire, à l'exception de l'enceinte continue et des forts construits autour de Paris, en exécution de la loi du 1er février 1841, de quelques travaux exécutés en Algérie, ou de casernes construites un peu partout, avait eu peu d'ouvrages stratégiques à faire.

Rien d'étonnant, par suite, à ce qu'il fût peu familiarisé avec la nouvelle fortification.

CHAPITRE III.

FONCTIONNEMENT DU SERVICE DU GÉNIE.

Tout naturellement le service du génie militaire fut chargé de la direction et de la surveillance de la construction des nouveaux forts.

Ce corps, composé d'officiers distingués, très-brillants, savants, mais avant tout théoriciens, est surtout *militaire.*

Il ne dirige pas, *il commande.* Il ne surveille pas, il *fait faire.*

Ses relations avec les entrepreneurs sont celles du *chef* avec ses *subordonnés.* Il communique avec eux par *des ordres.*

On connaît son fonctionnement, qui est une véritable filière, la centralisation élevée à sa dernière puissance.

Un officier, lieutenant, capitaine ou commandant, a pour mission spéciale de faire exécuter tel ou tel ouvrage.

Il dirige sous le contrôle et d'après les ordres d'un colonel, mis à la tête d'une chefferie comprenant l'exécution de plusieurs forts, et recevant lui-même les ordres du général, qui conduit l'ensemble de tous les travaux.

Celui-ci agit avec l'approbation d'un général-directeur supérieur, qui dépend encore de la direction générale au ministère de la guerre, et forme avec elle et le ministre, les degrés les plus élevés de cette hiérarchie.

L'officier chargé de l'exécution du fort a pour auxiliaires des sous-officiers et des sapeurs du génie.

On sait comment ils se recrutent.

Ce sont des ouvriers : maçons, charpentiers, menuisiers, serruriers, etc.

A eux est dévolue la surveillance immédiate des travaux. C'est à leur appréciation qu'est soumise la partie exécution.

Constamment sur les chantiers, ils vérifient le nombre des ouvriers employés, l'organisation et la composition de ces chantiers, contrôlent la qualité des matériaux, surveillent la bonne façon des constructions et des ouvrages, constatent l'exécution des ordres donnés par le génie à l'entreprise, etc., etc.

Très-zélés habituellement, ils remplissent leurs fonctions avec leurs aptitudes et la somme de connaissances qu'ils possèdent. Ils sont censés tout voir, tout savoir, tout deviner, et ils doivent en faire des rapports complets.

Mais ce qu'ils voient surtout, parce que c'est la consigne, c'est un adversaire dans l'entrepreneur.

Ils sont convaincus qu'il n'est là que pour dépouiller l'Etat et ils veillent.

Inutile de dire qu'ils ne doivent ni ne peuvent raisonner avec le service et que, quand un ordre quelconque leur a été donné, quel qu'il soit, fût-ce même d'expulser l'entrepreneur de ses chantiers, ils l'accomplissent sans murmurer.

CHAPITRE IV

REVUE SOMMAIRE DES PRINCIPALES ENTREPRISES

Veut-on savoir maintenant quels étaient les hommes qui s'étaient chargés de la construction des principaux forts donnés à l'adjudication en 1874 et quel a été le sort de leurs diverses entreprises ?

Nous allons en faire un examen sommaire.

Car, malgré notre désir de laisser de côté toutes les personnalités et de ne traiter dans nos articles que le point de vue *général* et *moral* de la question qui nous occupe, nous ne pouvons passer sous silence leur situation véritablement désolante.

Il faut bien, en effet, que tous les désastres éprouvés soient mis en lumière, ainsi que les causes qui les ont amenés, car ce n'est qu'alors que l'opinion publique pourra formuler son impartial verdict et exiger les réparations possibles, de toutes les ruines dont nous essayons l'historique.

Passons donc une revue rapide des principaux entrepreneurs des ouvrages des environs de Paris, que nous terminerons par celle des entrepreneurs des ~~forts~~ de province qui leur font un triste pendant.

ENTREPRISES DES PRINCIPAUX FORTS DES ENVIRONS DE PARIS

— Cinq entrepreneurs se sont groupés pour exécuter un fort des environs de Paris. Ils réunissaient au suprême degré tous les éléments de succès : capacité, fortune, crédit, expérience, etc. C'est vainement qu'ils ont uni leurs forces, concentré leur énergie, utilisé leurs connaissances, formé un faisceau, pour résister aux circonstances défavorables.

Ils ont perdu plus de *cinq cent mille francs,* sur deux millions de travaux.

— Un autre, arrivé à une fortune très-grande, conquise par 40 années de travail et d'ordre, ayant les aptitudes les plus variées, une expérience peu commune des constructions, possédant un crédit énorme, un matériel plus que suffisant acquis dans des conditions exceptionnelles, secondé enfin par un jeune et intelligent associé, d'une activité remarquable, a eu deux entreprises : l'une avec rabais, l'autre avec *une majoration de 10 p. 0/0.*

Eh bien ! cette association et tous les efforts réunis de ces deux intelligences se sont traduits par ce résultat :

Pertes de plus d'un million et demi *dans les deux entreprises.*

— Un troisième d'une intelligence hors ligne, lutteur infatigable, bien accrédité, admirablement soutenu, dont toute la vie s'est passée à faire des travaux et qui a voulu terminer quand même le fort qu'il avait entrepris, a engagé non-seulement toute sa fortune mais encore tous les fonds que lui ont avancés ses banquiers.

La seule chance qui lui reste, de retrouver ses pertes et qui, malheureusement est la dernière espérance de tous ses pareils : c'est *un procès contre l'État.*

— Un quatrième avait, depuis trente ans, fait les entreprises les plus considérables. Il était posé, avec raison, comme très-expérimenté en travaux.

Il avait construit : une église, une partie du Louvre et des Tuileries, le Tribunal de commerce. Son crédit était très-grand.

Malgré tous ces précédents, si significatifs et si honorables, après avoir passé trois années, jour et nuit, sur le fort qu'il devait exécuter, abandonné ses relations, ses autres affaires, sa famille, contracté une maladie très-grave, il a perdu tout ce qu'il possédait et en est réduit à attendre le sort de ses réclamations ;

Ses pertes s'élèvent à *trois millions* sur une entreprise de 6 millions !

— Un cinquième, après avoir prouvé sa valeur en province, est venu dépenser toute son activité et user toutes ses relations pour perdre *trois cent mille francs* dans une entreprise si consciencieusement menée qu'*une transaction lui a été offerte.*

— Un autre, jeune encore, commandité par un puissant et riche capitaliste, a perdu une somme énorme et dû demander une résiliation amiable.

Le résultat de son entreprise a été sa ruine et un *abandon d'actif* à ses créanciers.

— Un autre, décoré pour avoir construit un de nos plus grands viaducs, considéré comme une œuvre d'art de premier ordre, possède une fortune honorablement gagnée.

Ses preuves étaient faites avant 1874 Il réunissait les éléments de succès.

Il a perdu cependant comme tous ses collègues, dans des conditions telles qu'il a mieux aimé, dit-on, se retirer que de subir plus longtemps une situation intolérable.

Comment exprimer plus éloquemment par toutes les critiques de détail, les mécomptes de toute nature qu'ont éprouvés les entrepreneurs dans l'accomplissement de leur tâche !

— Deux autres, avec une petite entreprise bien menée cependant, ont vu s'engloutir 200,000 fr. qui constituaient tout leur avoir.

L'histoire du neuvième est plus lugubre. Ruiné après un travail acharné et une entreprise des plus malheureuse, il a cherché le repos *dans le suicide.*

Son successeur, entrepreneur remarquable et distingué dans le monde des travaux, vient de mourir de chagrin COMPLÈTEMENT RUINÉ !

— Deux autres, qui ont obtenu une surenchère considérable sur des prix déja plus élevés de 20 0/0 que ceux des adjudications primitives, en sont réduits à constater qu'ils subiront le sort commun.

— Un onzième, qui a déjà construit, en association, un fort en province et soumissionné un nouveau fort des environs de Paris, avec prix plus élevés et surenchère, *espère ne pas perdre,* grâce à une direction aussi intelligente qu'exceptionnelle.

— Un autre enfin, en cours d'exéc..tion d'un fort dont il s'est chargé avec surenchère, *n'a d'autre ambition que de joindre les deux bouts.*

ENTREPRISES DES PRINCIPAUX FORTS DE L'EST.

Pour ne pas nous répéter, nous terminons ce lamentable tableau par un mot sur quelques-unes des tristes victimes des entreprises des travaux de défense de nos frontières de l'Est.

— Un homme qui s'est occupé toute sa vie d'entreprises,

esprit distingué et pratique, occupant une position honorable dans la magistrature consulaire, très-sérieux en affaires, très-capable, représentant une société constituée par plusieurs de ses collègues, d'une valeur incontestable, a voulu aussi contribuer par son expérience à l'exécution des travaux de défense,

Il a éprouvé une GROSSE PERTE (plus de deux millions) pour le remboursement de laquelle il a eu recours à la ressource suprême : *un procès* qu'il soutient contre l'État.

Il a cependant admirablement exécuté tous ces travaux, on peut dire que s'il n'a pas eu un meilleur sort que ses collègues, c'est que toutes les entreprises étaient fatalement vouées à un désastre.

— Un travailleur intrépide, s'il en fut, dont le mérite et la valeur sont reconnus par tous, a eu la malheureuse idée, après vingt années d'expérience, acquise en conduisant de grandes entreprises de chemin de fer et des constructions remarquables, de soumissionner les travaux d'un fort à construire à l'extrême frontière.

Il avait demandé et obtenu une augmentation de 9.50 0/0.

Si quelqu'un devait réussir, c'était bien celui-là.

Pendant plus de deux années il n'a pas quitté ses chantiers. Aucun obstacle ne l'a arrêté, il a exécuté quand même tous les ordres qu'on lui a donnés.

Ancien officier d'un corps franc, aimant son pays, voyant le danger que nous faisaient courir nos lignes ouvertes, il a tout sacrifié, sa fortune, sa santé, pour atteindre le but.

C'est ainsi que, pendant cinq mois en 1875 et neuf mois en 1876, il a travaillé *nuit et jour,* quelque temps qu'il fit l'hiver par la neige et la glace, comme l'été par la pluie. Il a fait des maçonneries par cinq degrés de froid, obligé d'employer *l'eau bouilante pour faire dégeler le mortier.*

Impossible de nier son intelligence. Ses preuves de capacité datent de Paris, où il a concouru aux travaux du nouvel Opéra pendant cinq années.

Et le génie lui-même non-seulement a reconnu que son installation *était parfaite*, mais encore l'a constaté en le chargeant de *gré à gré* de l'installation du plan incliné d'un fort voisin.

Contestera-t-on ses moyens d'action?

Ils étaient de premier ordre avec une belle fortune il avait un crédit *illimité* à la *Banque de France*.

Il a terminé complètement son fort. Mais quand il est venu réclamer, non pas une récompense bien méritée de ses efforts surhumains, de sa santé compromise, de son patriotisme éprouvé, mais le *salaire* de son travail exceptionnel, on lui a refusé *même une indemnité pour ses travaux de nuit!*

Après avoir tout sacrifié, il ne recueille, pour prix d'un long et véritable dévouement, que la ruine.

Il perd près *d'un million*, toute sa fortune et au-delà, si bien que la maison de banque qui lui avait ouvert un crédit *a été obligé de liquider*.

— Un autre, dans les travaux depuis trente ans, adjudicataire d'un fort dans l'Est, avec une augmentation de 18 0[0, a vainement groupé autour de lui plusieurs associés pour conjurer ce mauvais sort qui plane si fatalement sur toutes les entreprises de cette nature.

Tous leurs moyens d'action réunis ont abouti à une perte de *cinq cenq mille francs*.

Il est vrai que le fort a été complètement terminé et c'est tout ce qu'on désirait d'eux.

— Un entrepreneur connu, ayant vieilli dans les entreprises, homme du métier, sérieux et honorable, a risqué un rabais de 5 0[0 sur l'adjudication d'un fort qui lui est resté.

Il avait trois associés. Leur travail a été tellement opiniâtre que l'un d'eux, ancien administrateur des chemins fer, *est mort à la peine.*

Cependant ils n'ont pu arriver dans les délais fixés. Une réadjudication a eu lieu.

Pour réparer leurs pertes ils ont concouru et ils ont obtenu hélas ! une augmentation de 15 0/0, soit une différence de 20 0/0 sur les prix primitifs.

Le résultat final n'a pas varié. *Quatre cent mille francs* dont ils demandent vainement le remboursement, se sont engloutis dans ces deux expériences.

Un autre, enfin, dont nous voudrions pouvoir raconter l'étrange histoire dans tous ses détails, a entrepris, avec une participation, l'exécution d'un nouveau fort dans l'Est, moyennant une augmentation de 14 0/0.

Gêné par des retenues excessives, ne recevant pas de l'Etat les sommes sur lesquelles il croyait pouvoir compter, il demanda sa résiliation, puisque le paiement de ses travaux n'était pas régulièrement effectué, tout en déclarant cependant qu'il continuerait son entreprise jusqu'à ce qu'il fut statué sur sa demande.

Brusquement, pendant que le ministre examinait sa situation avec le colonel, il fut *expulsé de ses chantiers* avec les 400 ouvriers qui y travaillaient, par l'officier directeur des travaux *en présence de la gendarmerie.*

Il fut même défendu *aux voitures qui apportaient des approvisionnements* d'entrer dans les magasins pour les déposer.

Une sentinelle fut placée à la porte pour en interdire l'accès *à tous sans exception.*

Les chevaux seuls ne subirent pas l'affront d'être mis à la porte par l'excellente raison que la direction des travaux les retint *pour en disposer.*

Le scandale occasionné par cette expulsion fut considé-

rable, l'entreprise fut atteinte immédiatement dans son crédit.

Elle fut déclarée en faillite à la demande d'un fournisseur éloigné, créancier d'une somme inférieure à 2,000 fr., alors qu'il lui était dû, d'après ses comptes, plus de trois cent mille francs par l'Etat et que son matériel représentait une valeur à peu près égale.

La faillite fut rapportée, il est vrai, car elle ne pouvait être sérieusement maintenue.

Mais quel encouragement pour des travailleurs honnêtes!

Quelle compensation pour leur fortune perdue!

Ajoutons qu'après deux tentatives d'enchères suivies d'insuccès, un traité de gré à gré fut conclu par le génie avec un nouvel entrepreneur, grâce à une augmentation de 25 0/0 sur les prix des bordereaux, augmentation stipulée *aux risques et périls des premiers adjudicataires et qu'on prétend leur faire supporter* !

Nous nous arrêtons ici, nous croyons que cela est suffisant.

Qu'ajouter, en effet, à tout ce qui précède et que nous garantissons de la plus absolue vérité !

Tout serait superflu.

Il y a dans ces faits une éloquence qui frappera tous ceux qui nous lirons sans parti-pris et sans intérêt dans la question.

Nous ne voulons pas les affaiblir par des réflexions que chacun pourra faire, nous contentant de les déférer à la conscience publique dont le cri, nous l'espérons, finira bien par se faire entendre.

En effet, ce long martyrologe, qu'il serait facile mais fastidieux de continuer jusqu'au bout et qui peut s'appliquer aussi bien aux autres entrepreneurs des forts de province qu'à tous ceux des environs de Paris, est plus éloquent que tous les commentaires.

Il est malheureusement trop véridique.

Il faut bien le constater.

Pour tous ces travailleurs éprouvés qui avaient pour devise : travail, capacité, bon vouloir, les entreprises des forts n'ont eu d'autre réponse que ces mots lugubres :

Mécomptes, désastres ou ruines !

HISTORIQUE

CHAPITRE V

CONDITIONS DANS LESQUELLES ONT ÉTÉ FAITES LES ADJUDICATIONS.

Les adjudications des nouveaux forts de Paris et de l'Est ont eu lieu dans des conditions exceptionnelles que nous devons signaler.

Lorsqu'une compagnie de chemin de fer, ou l'administration des ponts et chaussées, veut faire exécuter une ligne ferrée, une route ou un ouvrage quelconque, elle commence par étudier soigneusement le terrain sur lequel cet ouvrage doit être établi.

Au moyen de sondages, elle détermine la profondeur et la nature des couches; des profils en long et en travers sont exactement relevés, des plans sont dressés, des séries de prix arrêtées, de telle sorte que tout homme du métier peut se rendre compte, par l'étude des projets, non-seulement de la nature et de la durée des travaux à faire, des quantités à exécuter, mais encore des difficultés qu'il rencontrera en cours d'exécution, car tout est prévu et tout doit être prévu.

Il ne peut pas y avoir d'imprévision pour l'adjudicataire.

Lors donc qu'un entrepreneur veut soumissionner, il lui suffit de demander communication du dossier de l'entreprise et de faire quelques calculs peu compliqués, pour se rendre compte des chances de gains, ou des dangers de pertes qu'elle présente.

C'est sur des *documents officiels*, des *bases certaines*, des *calculs exacts*, qu'il détermine le rabais qu'il peut faire, ou l'augmentation qu'il juge à propos de demander sur les prix fixés.

S'il devient adjudicataire et qu'il perde, il n'a rien à réclamer, il a mal opéré, ou mal apprécié, c'est tant pis pour lui.

Il ne peut s'en prendre qu'à lui-même s'il s'est trompé ou s'il a mal mesuré ses forces.

On lui a tout montré, tout indiqué.

S'il s'agit d'un pont à construire, il connait la nature du fond, la profondeur du cours d'eau, sa vitesse, les époques des crues et leur importance, etc. Si c'est une tranchée qu'on veut faire, il est fixé : par les profils sur le cube des terrassements, par les sondages sur la nature des roches à faire sauter et des terres à transporter, par la série de prix sur les prix des transports calculés d'après la distance, etc.

Il peut donc opérer à coup sûr, car encore une fois, *tout est prévu.*

Cela est si vrai que, s'il y a des *imprévisions*, c'est-à-dire s'il exécute un travail d'une nature *non prévue*, il est en dehors de son marché et il peut réclamer à la Compagnie ou à l'administration de nouveaux prix à débattre et même des indemnités.

Quand une adjudication est prononcée dans ces termes, on comprend que le contrat qui en résulte comme les engagements réciproques qui en découlent, doivent être rigoureusement exécutés.

Mais les entreprises des Forts ont été faites dans des conditions tout à fait différentes, car le génie procède tout autrement.

En 1874, il n'existait pas de plans, on n'avait pas eu le temps d'en dresser; aucun des ouvrages à exécuter n'était même arrêté définitivement.

Les entrepreneurs n'ont donc eu communication que des

séries de prix et des cahiers des charges au moment de l'adjudication.

Ils ont cru que si on ne leur montrait pas les plans, c'était par une mesure de prudence toute naturelle. Ils étaient convaincus qu'on les leur donnerait au commencement des travaux.

Malheureusement, la vérité est que le génie, pressé, il faut le reconnaître, par les circonstances difficiles du moment, n'avait fait que des études aussi superficielles que rapides, et des sondages absolument insuffisants sur un très-petit nombre de points, se contentant de fixer l'emplacement des forts à construire et d'affecter à chacun un *crédit approximatif.*

Il n'existait pas de *devis spéciaux* pour les différents ouvrages.

Les cahiers des charges eux-mêmes, remontant aux premières fortifications de Paris (1841), avaient été à peine et très-incomplétement remaniés.

Le temps avait manqué.

Il faut donc constater que les entreprises des forts ont été faites dans des conditions aussi anormales qu'exceptionnelles.

De là des *imprévisions* ayant eu les plus fatales conséquences et dont le résultat final sera de grever le budget de la guerre d'une somme de plus de *40 millions au-delà des dépenses prévues.*

CHAPITRE VI.

COMPTABILITÉ DU GÉNIE.

Aux termes de l'article 55 du devis général, le chef du génie doit dresser le règlement et les comptes sommaires de l'entreprise.

En d'autres termes, c'est le génie qui fait les comptes.

Rien de mieux, si le génie avait une comptabilité régulière, reproduisant très-exactement les métrés et les cubes des travaux exécutés.

Mais, malheureusement, sa comptabilité tout à fait spéciale, échappant à tout contrôle, n'est possible que pour les dépenses d'entretien ou d'ouvrages peu importants, comme ceux exécutés jusqu'en 1874, par conséquent pouvant être relevés et réglés chaque jour.

Lorsqu'on a voulu l'appliquer aux entreprises des forts, on a reconnu qu'il était impossible de faire des métrés définitifs, au jour le jour, pour des travaux aussi considérables, et alors, l'exécution pressant, on s'est laissé gagner la main ; la comptabilité a été tenue d'une façon irrégulière et souvent pas du tout, si bien qu'elle n'a plus présenté qu'un chaos, un désordre inextricables, et des indications aussi inexactes qu'incomplètes.

C'est à ce point que, dans certains forts, le génie est resté plusieurs années sans faire relever un seul attachement, c'est-à-dire aucune des notes indiquant les ouvrages faits et encore apparents qui, destinés à être recouverts, doivent disparaître à un moment donné sous les constructions ou l'accumulation des terres.

Ainsi, dans un des forts des environs de Paris, dont nous parlions plus haut, *un demi-million* a été payé à l'entrepreneur *sans aucun métré, sans aucune inscription !*

Or, les attachements recueillis sur des carnets spéciaux sont indispensables pour régler plus tard les comptes.

Ils sont, on peut le dire, la base de toute la comptabilité de l'entreprise, un thermomètre infaillible de la situation permettant à toute heure de voir où l'on en est.

Avec eux, tout règlement est facile. Sans eux, on n'a plus qu'une comptabilité bâtarde, aussi dangereuse pour l'Etat que pour l'entreprise, et on marche complètement à l'aveugle.

Il est résulté de cette manière d'opérer que :

Partout les crédits ont été épuisés avant l'achèvement des travaux et les prévisions dépassées dans des proportions considérables ;

Pour payer les mandats on a dû porter comme *faits* des travaux *à faire*, si bien que la situation vraie de l'avancement des travaux s'est trouvée en contradiction avec les états des dépenses.

Enfin, à un moment donné, il s'est présenté ce phénomène inoui de mémoire d'entrepreneur :

L'Etat a prétendu être *en avance* avec les entreprises, *qui toutes lui devaient*, d'après les comptes du génie, des sommes considérables !

Et on leur a fait rembourser ces *prétendues* avances par des retenues sur les mandats mensuels.

De telle sorte qu'il a fallu, pour réparer les erreurs de la direction des travaux, *travailler sans autre argent que celui qu'elle voulait bien donner*, pendant des mois et des années !

CHAPITRE VII

NATURE ET CARACTÈRE DU CONTRAT INTERVENU ENTRE L'ÉTAT ET LES ENTREPRENEURS DES FORTS

Les marchés passés par les entrepreneurs des forts avec l'État étaient des marchés *sur série de prix* ou plus exactement sur *bordereaux des prix.*

C'étaient des forfaits, ayant pour caractère principal et distinctif l'*aléa,* mais un aléa renfermé dans les limites de la convention.

Les neuf articles suivants du Code civil régissent ces sortes de contrats :

« Art. 1134. — Les conventions légalement formées *tiennent lieu de loi* à ceux qui les ont faites. Elles ne peuvent être révoquées que de leur consentement mutuel ou pour les causes que la loi autorise. *Elles doivent être exécutées de bonne foi.*

« Art. 1109. — Il n'y a point de consentement valable, si le consentement n'a été donné que par *erreur,* ou s'il a été extorqué par violence ou surpris par dol.

« Art. 1110. — L'erreur n'est une cause de nullité de la convention que lorsqu'elle tombe sur la substance même de la chose qui en est l'objet.

« Art. 1156.— On doit, dans les conventions, *rechercher* quelle a été *la commune intention des parties* contractantes, plutôt que de s'arrêter au sens littéral de termes.

« Art. 1165. — Quelque *généraux* que soient les *termes* dans lesquels une convention est conçue, *elle ne comprend que les choses sur lesquelles* il paraît que les parties se sont proposé de contracter.

« Art. 1104.— Le contrat est commutatif lorsque chacune des parties s'engage à donner ou à faire une chose qui est regardée comme l'équivalent de ce qu'on lui donne ou de ce qu'on fait pour elle.

« *Lorsque l'équivalent* consiste dans la chance de gain ou de perte *pour chacune des parties,* d'après un événement incertain, *le contrat est aléatoire.*

« Art. 1964. — *Le contrat aléatoire est une convention réciproque* dont les effets, quant aux avantages et aux pertes, soit pour toutes les parties, soit pour l'une ou plusieurs d'entre elles, dépendent d'un événement incertain.

« Art. 1793. — Lorsqu'un architecte ou un entrepreneur s'est chargé de la construction *à forfait* d'un bâtiment, *d'après un plan arrêté et convenu* avec le propriétaire du sol, il ne peut demander aucune augmentation de prix, ni sous le prétexte de l'augmentation de la main-d'œuvre ou des matériaux, ni sous celui de changements ou d'augmentations faits sur ce plan, si ces changements ou augmentations n'ont pas été autorisés par écrit et le prix convenu avec le propriétaire.

« Art. 1794. — Le maître peut résilier, par sa seule volonté, le marché à forfait, quoique l'ouvrage soit déjà commencé, en dédommageant l'entrepreneur de toutes ses dépenses de tous ses travaux, et de tout ce qu'il aurait pu gagner dans cette entreprise. »

Dans les entreprises des Forts, les prix d'unité avaient été fixés de telle sorte, qu'à chaque nature de travail correspondait un prix invariable.

Les quantités pouvaient varier dans une certaine mesure, les prix étaient fixés définitivement.

Cette *invariabilité* des prix et cette *variabilité des quantités,* constituent précisément l'essence même, la nature véritable des marchés forfaitaires relatifs aux entreprises des forts.

Les règles de ce contrat synallagmatique sont connues. L'*objet* doit en être *défini*, *déterminé*, et toutes *les conditions doivent être arrêtées d'avance*, d'une manière précise.

L'entrepreneur doit :

1. Faire l'ouvrage dont il s'est chargé ;

2. Le faire à temps ;

3. Le bien faire.

De son côté, celui qui commande l'ouvrage a l'obligation :

1. De faire ce qui dépend de lui pour mettre l'entrepreneur en pouvoir d'exécuter le marché ;

2. De payer exactement le prix de ce marché, de la manière et aux époques convenues.

Par conséquent, pour qu'il soit sérieux, il faut que celui qui commande le travail soit bien fixé sur l'*importance*, la *durée* et les *conditions* de ce travail, et que l'entrepreneur en ait une connaissance parfaite.

Alors la convention a une base fixe, un *objet certain, limité ;* le consentement mutuel des parties contractantes n'est vicié par aucune cause d'erreur.

Pour les forts il n'en a pas été ainsi.

L'État savait bien qu'il voulait faire faire un fort et des annexes, il avait bien prévu un chiffre de dépenses, fixé une durée pour les travaux, communiqué un cahier des charges et des bordereaux de prix, mais :

Il n'avait pas donné de plans à l'entrepreneur ;

Il n'en avait même pas dressé ;

Toutes les bases qu'il avait indiquées étaient *fausses*.

Sans doute, on a demandé aux entrepreneurs de s'engager à exécuter des terrassements et des maçonneries d'une *importance déterminée*, dans un *délai précis* et dans les *conditions mentionnées* au cahier des charges ;

Sans doute, ils ont accepté.

Mais en cours d'exécution, pas un de ces trois points n'a été respecté.

On a forcé l'entrepreneur à exécuter ses travaux d'une manière tout à fait anormale, contrairement aux stipulations communes.

L'*importance*,

La *durée*,

Les *conditions* de l'exécution ont été complètement changées par l'État.

Les prix unitaires eux-mêmes n'avaient pu être exactement calculés à défaut de sondages et d'études préalables.

Nous allons en voir les conséquences.

CHAPITRE VIII

CIRCONSTANCES DIFFICILES DANS LESQUELLES SE SONT TROUVÉES LES ENTREPRISES. — COMPLICATIONS POLITIQUES. — CAS DE FORCE MAJEURE.

Il faut tout d'abord reconnaître que dans les travaux des forts :

Si les entrepreneurs, tout en désirant attacher leurs noms à des ouvrages considérables, ont cherché avant tout *un profit ;*

De leur coté, les officiers du génie chargés de la direction, très-heureux de prouver leur patriotisme et de montrer leur zèle et leur capacité, y ont vu surtout l'occasion de conquérir de *nouveaux grades* ou de gagner des distinctions honorables.

« Attendu, comme le disait Dupin, le plus sceptique mais aussi le plus spirituel de nos procureurs généraux à la Cour de cassation, que l'*intérêt est le mobile de toutes les actions humaines.* »

En conséquence, un véritable *steeple-chase* a été couru sur le dos des entrepreneurs et à leurs dépens, car ils devaient subir, malgré leurs protestations, les volontés du cavalier, qui avait pour lui les éperons et la bride.

Chaque officier-directeur a voulu non-seulement terminer son fort rapidement et ne pas dépasser son crédit, mais encore — et c'est là le fâcheux — *faire plus vite, mieux et plus économiquement* que ses collègues.

On comprend facilement qu'au milieu des excitations de l'antagonisme créé par l'exécution simultanée d'un grand nombre de forts, il n'a pas été tenu grand compte des intérêts de l'entreprise, ni des clauses et conditions du marché. Chaque officier voulait arriver premier, et la vitesse était telle qu'on n'avait vraiment pas le temps de s'occuper des accidents de la course, ni des malheureux qui, s'étant trouvés malencontreusement sur la route, étaient plus ou moins éclopés.

Comment cela eût-il été possible ?

Tout était bouleversé !

Il n'y avait pas de plans, et ceux qu'on improvisait au jour le jour, subissaient toutes les fluctuations de la politique extérieure !

Ceci dit, voyons les causes des pertes éprouvées.

Pour nous, nous le déclarons hautement, car c'est là une conviction intime basée sur l'examen approfondi de la question, la vérité est : que si les entrepreneurs ont perdu, *il faut* d'abord *en chercher la cause dans les circonstances* difficiles qu'a traversées la France de 1870 à 1876, et surtout dans *les complications de la Politique extérieure.*

A cette cause primordiale, en ont succédé d'autres, sans doute, mais c'est elle, il faut le reconnaître, qui les contient toutes en germe.

Depuis 1870, la France, avec une armée désorganisée, des lignes de défense ouvertes de toutes parts, un gouvernement discuté était en présence de menaces terribles, mettant chaque jour son existence en péril. De nouveaux nuages s'accumulaient, assombrissant encore l'horizon déjà si chargé; des points d'interrogation effrayants se dressaient devant elle.

Il fallait, coûte que coûte, recouvrer la sécurité perdue, se mettre à l'abri d'un coup de main brutal, trouver un bouclier pour parer cette nouvelle épée de Damoclès suspendue sur elle et dont la chute paraissait imminente.

Des fonds furent votés pour la construction des forts et

ordre fut donné de mener les travaux avec toute l'activité désirable.

La situation était des plus critiques.

Il fallait se fortifier sans trop attirer l'attention de l'ennemi, *surtout il fallait faire vite.*

De là, l'absence de plans et de devis qui, pour être sérieusement étudiés, auraient demandé de longues années d'examen et de calculs ;

De là, l'énoncé rapide et incomplet des moyens d'exécution;

De là, la fièvre d'impatience qui brûlait les officiers du génie et que les ordres venus d'en haut rendaient encore plus ardente ;

De là enfin les *imprévisions* que nous allons constater, la vitesse anormale imprimée à l'exécution des travaux, la substitution du génie aux entrepreneurs dans la conduite des travaux et les ordres ruineux qui leur ont été donnés.

Nous ne croyons donc pas être démenti quand nous affirmons, avec l'impartialité la plus absolue, que les difficultés actuelles, les pertes dont se plaignent les entrepreneurs, les procès nombreux sur les entreprises, qui sont ou vont être soumis à la juridiction administrative, proviennent de cette cause originelle que nous appelons : *les circonstances politiques* et qui ont constitué de véritables *cas de force majeure.*

CHAPITRE IX

CAUSES GÉNÉRALES DES PERTES ÉPROUVÉES.

Il est résulté des circonstances politiques que nous venons d'indiquer que :

Les entrepreneurs des forts qui croyaient avoir à exécuter dans les conditions normales des entreprises ordinaires, se sont trouvés le lendemain de leur adjudication, *en dehors* de leurs contrats ;

Les officiers du génie, qui voyaient avant tout un danger auquel il fallait parer rapidement, par tous les moyens possibles, n'ont plus tenu aucun compte des *conditions du marché.*

Ils n'ont plus vu dans l'entrepreneur qu'un *instrument passif* devant marcher quant même par leurs ordres vers le but proposé.

En d'autres termes, *le contrat a été déchiré* ou absolument laissé de côté, et l'entreprise n'a plus existé que de nom.

Il est facile de le démontrer.

Trois causes générales de pertes apparaissent, en effet, dans l'ensemble des griefs articulés par les entrepreneurs.

Nous laisserons, bien entendu, de côté les causes spéciales de pertes, ayant varié suivant chaque fort, et qui, ne présentant qu'un intérêt particulier, *individuel* en quelque sorte, ne peuvent trouver place dans cette étude.

Ces trois causes qui ne sont absolument que les dérivés

de la cause primordiale que nous avons signalée dans le chapitre précédent, sont les suivantes :

1. *Absence de plans,* et par suite *imprévisions* de toute nature ;

2. *Vitesse* anormale et *extra-contractuelle* imprimée aux travaux;

3. *Substitution* de l'Etat à l'entrepreneur dans l'organisation des chantiers et la conduite des travaux de l'entreprise.

Nous allons les examiner séparément.

CHAPITRE X

I. — ABSENCE DE PLANS. — IMPRÉVISIONS.

Le génie, comme nous l'avons dit, pressé par le temps, n'ayant pu faire ni plans, ni devis, ni études, ni sondages préalables suffisants, a dû procéder aux adjudications sur de vieux cahiers des charges et bordereaux de prix, et ouvrir pour chaque ouvrage, des crédits *approximatifs*, complètement insuffisants.

De là *des imprévisions* considérables et de toute nature sur la composition du sol, l'existence et la provenance des matériaux, la conduite des travaux et le montant des dépenses, qui, comme nous l'avons indiqué, atteindront et dépasseront peut-être, en totalité *quarante millions de francs*.

Voyons ces points un à un :

I. — Imprévisions causées par le défaut de sondage et l'étude incomplète de la nature du sol.

Les matériaux tels que : sables et moellons étaient supposés devoir se trouver à pied d'œuvre dans les fossés à creuser, et les prix étaient calculés dans cette hypothèse.

Or, il a fallu presque partout aller les chercher à des distances considérables.

Dans certains forts, deux notamment des environs de Paris, il a été nécessaire d'installer dans ce but, des chemins de fer de 7 et de 9 kilomètres.

En outre la composition du sol a été, sur tous les points, en contradiction avec celle qui avait été prévue et indiquée.

Il est complétement inutile d'insister sur ces points.

Le génie lui-même a reconnu de la façon la plus nette et la plus concluante, que les prix prévus aux bordereaux ne pouvaient s'appliquer ni aux terrassements ni aux maçonneries, l'exécution ayant démontré que les prévisions du cahier des charges étaient erronées.

En 1876, en effet, les prix unitaires des terrassements et des maçonneries ont été remaniés et considérablement augmentés.

Ces augmentations sont une véritable reconnaissance des imprévisions signalées, résultant de la hâte avec laquelle on a dû parer aux éventualités menaçantes du moment.

De plus, l'état actuel des constructions neuves, les *accidents* qui se produisent journellement dans les forts et dans les casernes, les travaux complémentaires et indispensables que fait constamment le génie, démontrent avec la dernière évidence les *imprévisions* que nous signalons, et que par patriotisme nous ne voulons pas préciser.

II. — Imprévisions dans le montant des dépenses.

Il serait facile d'établir ce point par le simple énoncé que 40 millions de francs au moins seront nécessaires pour combler le déficit de ce chef, mais nous devons dire que partout les dépenses prévues ont doublé.

Si bien, que les chiffres portés au cahier des charges ont dû être changés ou modifiés, et que les nouveaux chiffres eux-mêmes ont été insuffisants.

Pour n'en citer que deux exemples concluants, nous nous bornerons à affirmer que :

Dans un fort près de Paris, les dépenses prévues étaient

fixées par le cahier des charges à......... 1.600.000 »

L'entrepreneur a déjà reçu de l'Etat........................ 2.389.000

Et il a dépensé........................ 4.189.000 »

Différence entre les dépenses prévues et celles effectuées........................... 2.589.000 »

Dans un fort de l'Est où la dépense devait être de................................. 2.500.000 »

L'Etat a payé au 31 décembre 1878, malgré la suppression d'une caserne très-importante, prévue au projet, la somme de......................... 3.400.000

Et l'entreprise a dépensé................ 5.400.000 »

Différence.......................... 2.900.000 »

Il en a été partout de même, toutes proportions gardées. Et nous devons ajouter que chaque jour de nouvelles sommes sont employées en régie, à des travaux de *consolidation* et de *réfection* reconnues indispensables.

Chaque officier chargé de l'exécution d'un fort voulant ne pas dépasser ses crédits, arriver plus vite que les autres, la course au clocher qui en résultait, empêchait tout calcul.

Pendant cette impatience nerveuse, entretenue par les ordres supérieurs et augmentée par l'antagonisme que nous avons signalé, tous ont marché à l'aveugle sans se rendre compte de la situation.

De 1874 à 1876, pressé qu'il était par les circonstances, et comprenant que la vitesse d'exécution imposée aux entrepreneurs ne pouvait être obtenue que par le paiement régulier des travaux, le génie a délivré mensuellement, sans difficulté, les mandats représentant, moins le douzième de retenue fixé par le cahier des charges, le montant des travaux exécutés.

Et comme les entrepreneurs, qui croyaient recevoir les à-comptes autorisés par leur marché, ne reculaient devant aucun sacrifice pour obéir aux ordres reçus d'en haut, et déployaient une activité à l'unisson de l'impatience des officiers directeurs, tout a bien marché jusqu'à la fin de 1875.

Mais à ce moment tout a changé.

Les craintes de guerre avaient disparu, le danger n'existait plus.

Le génie a voulu compter alors.

La comptabilité présentait un grand désordre.

Cependant, la vérité a apparu avec toute son évidence.

Les crédits étaient épuisés ou sur le point de l'être, et les forts étaient inachevés! . . . .

La situation imposait une solution, car elle était intolérable. . . . .

D'abord le génie supprima, au risque de compromettre la solidité des travaux, le plus d'ouvrages possibles.

Nous pourrions en citer la nature et le nombre.

Le sentiment de réserve qui nous retient à ce sujet est trop naturel pour ne pas être compris.

C'était un palliatif. Mais ce n'était pas un remède suffisant; le mal restait toujours le même.

On recourut alors à un autre expédient.

Le génie fit signer aux entrepreneurs une convention ou transaction qui, reconnaissant franchement les *imprévisions* que nous avons indiquées, fixait de nouveaux prix pour *certains* travaux et les approvisionnements faits dans des conditions absolument différentes de celles prévues au marché.

En d'autres termes, le génie semblait procéder au règlement de toutes les réclamations formulées par l'entrepreneur.

Mais, en réalité, il profitait de l'illusion de ce dernier pour sortir d'une position impossible.

Il y avait là pour lui un double avantage, il régularisait

une situation anormale, et il terminait amiablement des contestations, dont l'issue ne pouvait que lui être défavorable.

Nous n'avons pas à examiner la portée et la valeur de cette convention qui, a-t-on dit, a réglé pour le passé et pour l'avenir tous les chefs de réclamations.

D'après les uns, qui nous paraissent absolument dans le vrai, elle est un complément *partiel*, du marché primitif réglant *les prix à l'estimation* d'objets *non prévus* au marché, *une transaction sur certains chefs de réclamation.*

Tandis que d'après les autres, c'est un nouveau marché de travaux, sous l'empire exclusif duquel l'entreprise a fonctionné; le premier marché se trouvant ainsi virtuellement détruit par le second.

Discuter ce point, qui a varié suivant les entreprises, serait sortir du cadre que nous nous sommes tracé et empiéter sur l'examen particulier des situations individuelles que nous nous sommes interdites.

Nous constaterons seulement, parce que c'est une vérité incontestable :

1° Que c'est l'administration qui a présenté, toute préparée, cette convention à l'acceptation des entrepreneurs ;

2° Que l'entrepreneur convaincu que toutes les sommes qu'il avait déjà reçues lui étaient acquises, *trompé* par les erreurs même du génie, engagé corps et biens, dans son marché, en face d'obligations impérieuses, n'avait d'autre alternative que l'abîme ou l'acceptation;

3° Que si cette convention était appliquée conformément à la prétention de l'Etat elle serait la consécration définitive de toutes les pertes, disons les ruines, — car c'est le mot propre pour la plupart, — subies par les entrepreneurs des forts.

Pendant quelques mois, tout sembla marcher convenablement sous le régime de ce nouveau *modus-vivendi.*

Les travaux conservèrent leur allure rapide, les mandats

mensuels représentant le montant des travaux exécutés, moins le 12e de garantie, furent délivrés régulièrement.

Cette fois, le génie crut qu'il était définitivement sorti d'embarras, et que les erreurs premières étaient réparées.

Malheureusement, aucun baptême ne pouvait laver le pèché originel de tous les projets mal étudiés. Le génie dut comprendre bientôt que toutes ses prévisions étaient tellement erronées, qu'une mesure énergique pouvait seule le sortir de sa terrible situation.

Voici alors le moyen véritablement héroïque qu'il employa:

Quelques mois après la signature de la convention que nous avons signalée plus haut, lorsque les entrepreneurs vinrent demander le montant mensuel des travaux exécutés, destiné à payer le salaire de leurs ouvriers, le génie leur répondit *que les ouvrages qu'ils faisaient* étaient depuis longtemps réglés et payés.

C'était la conséquence de ce fait que le génie avait porté en situation comme *faits et achevés,* bien plus, comme métrés contradictoirement avec l'entrepreneur, *des ouvrages* qui n'étaient *pas encore commandés.*

Et alors, il leur dit : « impossible de vous délivrer des mandats, nous sommes en avance avec vous, vous devez, vous, *entrepreneurs*, à l'Etat, des sommes considérables.

« Vous, cent trente-quatre mille francs;

« Vous, cent quatre-vingt-onze mille francs;

« Vous, deux cent-quarante-quatre mille francs, etc.

« Nous allons procéder chaque mois à des retenues sur vos états de paiements, jusqu'à ce que vous nous aurez entièrement remboursé; sinon pas de mandats.

« En d'autres termes, remboursez-nous maintenant en travaillant sans argent. »

Nous n'essayerons pas de dépeindre la stupéfaction de tous ces travailleurs, devant ce nouveau régime de *bon plaisir.*

C'était la première fois que se produisait ce fait inouï, de mémoire d'entrepreneur.

L'Etat *ayant fait des avances*, et l'entreprise se trouvant débitrice de l'Etat *pour des travaux payés et non exécutés* !

Ils protestèrent tout naturellement avec la plus vive indignation, mais ils durent subir la mesure Draconienne dont ils étaient l'objet.

Ils appartenaient corps et biens à leur marché.

Ils avaient en face d'eux des engagements et des échéances impitoyables, qu'ils ne pouvaient satisfaire qu'en acceptant ce qu'on voulait bien leur donner.

Entre la faillite et la continuation de leurs entreprises, ils ne pouvaient pas hésiter.

Jugulés par une main de fer, ils durent tout accepter, tout subir, sauf à demander plus tard la réparation qui leur était due pour de pareils agissements.

Il en est résulté qu'à partir de cette époque, les entrepreneurs, ne recevant que partie de ce qu'ils dépensaient, ont dû marcher sur leurs propres ressources, c'est-à-dire épuiser leurs crédits, engager leurs fortunes et se trouver, en fin de compte, devant un gouffre que pourra tout juste combler le montant de leurs réclamations, si elles sont admises.

CHAPITRE XI.

II. — VITESSE ANORMALE ET EXTRA-CONTRACTUELLE IMPRIMÉE AUX TRAVAUX.

Aux termes des cahiers des charges, base des soumissions, et par suite du marché intervenu entre l'Etat et les entrepreneurs, un nombre déterminé d'années, six en général, était fixé comme durée d'exécution des travaux.

Pour les forts des environs de Paris, spécialement, la construction, devait être exécutée pendant les années 1874-1875-1876, 1877-1878-1879.

Il en résultait, pour tel fort par exemple, une dépense annuelle de 400,000 francs.

Le matériel, le personnel, les dépenses étaient prévues en conséquence.

Eh! bien, dans ce même fort, dans la seule année 1875, on a dépensé *plus d'un million et demi*!

C'est dans ces conditions que tous les forts qui devaient être terminés en six années, l'ont été en trois et quatre années.

Les conséquences de la vitesse anormale imprimée aux travaux sont les suivantes :

Travail dans toutes les saisons; en temps de pluie, de neige et de gelée, même de nuit sur certains points,

Maçonneries faites avec 4 et 5 degrés au-dessous de zéro ;

Augmentation de la main-d'œuvre, diminution du travail effectif ;

Hausse des salaires par suite de l'agglomération des

ouvriers sur des points déterminés et rapprochés, à la même époque, ainsi que de la nécessité impérieuse de doubler et tripler les chantiers immédiatement, sur les ordres du génie;

Augmentation du personnel, du matériel, des frais généraux;

Résultat général : augmentation des dépenses de l'entreprise et forcément du prix de revient des ouvrages.

Il est inutile d'insister.

Les conséquences dommageables d'une impulsion aussi anormale, sont évidentes ; il n'est pas douteux que l'Etat seul doit les subir.

C'est lui qui a voulu et ordonné une vitesse d'exécution en contradiction avec les termes du marché.

Ses représentants, pour des raisons devant lesquelles nous nous inclinons, sont sortis des termes des conventions.

Ce n'est pas l'entrepreneur *forcé* d'obéir qui peut encore une fois en supporter la responsabilité, mais bien l'auteur de ces pertes.

Et cependant :

A toutes les protestations de l'entrepreneur le génie répondait :

Faites des réserves.

Et aujourd'hui, à toutes les réclamations actuelles il répond :

Il ne vous est rien dû.

CHAPITRE XII.

III. — SUPPRESSION DE *l'initiative* DE L'ENTREPRENEUR PAR SUITE DE LA *substitution* DE L'ÉTAT A L'ENTREPRISE DANS L'ORGANISATION DES CHANTIERS ET LA CONDUITE DES TRAVAUX.

Nous sommes ici en présence des faits les plus étranges qui se soient jamais produits dans une entreprise.

Ce qui fait la fortune d'un entrepreneur, c'est son *initiative*.

En effet, sa manière particulière de comprendre et d'exécuter les travaux, — qui n'est que le résultat de son expérience et de ses aptitudes propres, — lui permet de faire à un prix déterminé et avec bénéfice, ce qu'un autre ne pourrait entreprendre qu'à un prix plus élevé.

Mais il faut pour cela qu'il ait une liberté d'allure suffisante pour exercer son action individuelle, autrement il perd tous ses avantages et n'est plus lui-même.

Toutes ses chances de gain disparaissent, *son industrie* est anihilée.

Aussi, dans tous les travaux ordinaires, l'entrepreneur est-il libre de les conduire comme il le juge à propos, bien entendu dans les limites que lui assigne son cahier des charges.

Dans les entreprises des forts, c'est le contraire qui est arrivé.

Quoique chaque entrepreneur eût fait déjà des terrassements et des maçonneries d'une exécution plus difficile que ceux que comportait les nouvelles entreprises, et comptât surtout sur sa capacité, son installation, son personnel et sa manière de conduire les chantiers, dès le lendemain des adjudications, le génie a agi en maître absolu.

Non-seulement il s'est *substitué* complètement à l'entrepreneur, mais il l'a totalement *supprimé*. Il en a fait un subordonné, sorte d'exécutif, sans autorité morale, ou chef de chantier, bailleur de fonds, responsable sans droit de contrôle, chargé de l'exécution des ordres qu'il lui imposait.

On ne lui demandait pas son avis ; ses observations étaient considérées comme lettre morte, il devait obéir et se taire..... sauf à murmurer.

Son habileté, son autorité, son initiative, son industrie même ont disparu.

Les entreprises se sont transformées en RÉGIES DÉGUISÉES, *dont les entrepreneurs ont fait tous les frais, supporté toutes les pertes.*

Nous n'exagérons pas quand nous disons que les entrepreneurs sont devenus, entre les mains des officiers-directeurs, de véritables *instruments passifs.*

Les faits nombreux qui établissent ce *servage* paraissent incroyables ; ils sont cependant de la plus scrupuleuse exactitude.

Ainsi, les entrepreneurs ont été constamment obligés d'obéir aux ordres de services fixant :

Les points d'attaque des travaux,
Leur marche,
L'organisation et les changements des chantiers,
Le nombre et la spécialité des ouvriers à employer,
Les places qu'ils devaient occuper,
Les heures d'interruption et la reprise des travaux,

Et quelquefois même le *renvoi d'employés* méritants ou la *rentrée* dans le personnel *d'employés renvoyés* par l'entreprise.

Par ordre : l'entrepreneur a dû faire travailler, à n'importe quel prix, en tout temps,

Doubler et quadrupler l'effectif de ses chantiers, porter par exemple en quinze jours à 1,200 ouvriers dont 120 maçons, les 200 qui se trouvaient employés,

Travailler aux terrassements par la pluie et la neige,

Aux maçonneries par la gelée en plein hiver, en se servant de la vapeur d'eau pour préparer les mortiers;

Presser ou ralentir l'exécution;

Subir enfin tous les changements, modifications, marches ou contre-marches, interruptions ou reprises, commandés par le génie, qui faisait ou défaisait le lendemain, ce qu'il avait défait ou fait la veille.

C'étaient, par exemple, les parapets d'artillerie dont on avait dû s'occuper d'abord.

On avait, en conséquence, organisé des chantiers nombreux, qui fonctionnaient avec activité sur les points désignés; mais, brusquement un contre-ordre arrivait il fallait maintenant construire, avant tout, les parapets pour l'infanterie, et alors, à toute vapeur, on déplaçait les chantiers abandonnant ce qu'on avait commencé; puis de nouvelles installations avaient lieu dans des conditions absolument différentes et on ne peut plus onéreuses.

Une autre fois le danger s'accentuait, il fallait arriver à tout prix à mettre les forts en état de défense.

Ordre était donné de se préparer à travailler de jour et de nuit avec la plus grande célérité.

Les entrepreneurs prenaient leurs mesures en conséquences.

Ils s'informaient des meilleurs systèmes d'éclairage, s'ingéniaient pour trouver des ouvriers en nombre suffisant. On commençait même à travailler la nuit sur certains points.

Puis, tout à coup, le nuage menaçant ayant disparu de

l'horizon politique, tous les préparatifs devenaient inutiles, le travail de nuit était jugé inopportun !

Il était indifférent que les ouvriers payés à l'heure ne produisissent qu'un travail réel insignifiant, tout à fait hors de proportion avec les prix de main-d'œuvre des bordereaux.

Il n'était tenu aucun compte des empêchements les plus légitimes.

Le génie ne se préoccupait ni des moyens économiques d'exécution ni des fausses manœuvres,

L'ordre donné il fallait l'exécuter, *coûte que coûte*. Peu importait que l'entrepreneur dépensât le triple ou le quadruple de ce que lui aurait coûté une exécution dans les délais ordinaires et les conditions normales.

Et cet état de choses a duré pendant quatre années !

Jamais situation aussi incroyable ne s'est présentée.

Conçoit-on un entrepreneur habile, expérimenté, soumis à l'inexpérience et au *tzarisme* d'un jeune officier qui, voulant arriver quand même, ne tient aucun compte du marché, des intérêts de l'entreprise, des moyens économiques d'exécution, et ruine un homme qui ne peut se défendre et qui, bien certainement livré à lui-même, aurait bien mieux exécuté et réalisé des bénéfices !

Aussi la déception a été grande.

Là, où les adjudicataires avaient vu une entreprise, ils ne rencontraient qu'une *régie déguisée*, dont toute la responsabilité leur incombait.

Tous leurs plans étaient déjoués, leur initiative supprimée; ils n'étaient plus maîtres d'installer leurs chantiers, d'attaquer et de diriger les travaux conformément à leurs calculs, d'exécuter le plus économiquement possible les terrassements et les maçonneries ; ils ne pouvaient marcher que d'après la volonté *du chef* qui ne leur laissait d'autre liberté que de payer régulièrement toutes les dépenses ordonnées, avec ou sans leur agrément.

Livré à lui-même, l'entrepreneur eût attendu un temps plus propice, et en doublant au besoin, mais avec à-propos son personnel, il eût pu regagner sans perte pour lui, le temps perdu, tandis qu'il a été obligé de faire exécuter à grands frais un travail sans utilité.

Il est facile de comprendre combien, dans ces conditions, les dépenses prévues ont été dépassées, et comment les entrepreneurs ayant consenti des rabais ou obtenu des augmentations de prix, si habiles et expérimentés qu'ils fussent dans leur art, ont dû subir les pertes dont ils réclament aujourd'hui le remboursement.

On peut donc le dire sans exagération, en perdant *leur droit d'initiative*, les entrepreneurs ont perdu toutes leurs chances de gain et n'ont conservé que des chances de pertes.

Si chacun d'eux devait compter sur quelqu'un pour obtenir des résultats satisfaisants, c'était assurément sur lui-même, sur son expérience, sa *valeur individuelle.*

C'est parce qu'il connaissait ses moyens, qu'il savait qu'il pouvait exécuter à bon marché, qu'il avait soumissionné.

Certainement il n'eût jamais accepté les chances défavorables de l'entreprise s'il avait su qu'il ne pouvait pas les éviter et que ce serait *un autre* qui mènerait tout à sa guise et lui enlèverait la direction de ses travaux.

Quand même MM. les ingénieurs militaires auraient eu l'expérience qui leur manquait, aucun des entrepreneurs n'aurait voulu soumissionner si on les avait avisés qu'ils devraient leur laisser les moyens d'exécution, et s'incliner servilement devant leurs décisions.

Cela est de toute évidence, et les événements n'ont que trop gravement démontré combien il est dangereux de ne pouvoir soi-même mener ses travaux.

Il ne faut pas craindre de l'affirmer, si les entreprises des forts avaient été dirigées et conduites dans les conditions normales, au lieu de pertes, il y aurait du gain pour tous ; au lieu des procès nombreux qui surgissent, tous les comptes seraient réglés à la satisfaction commune.

Concluons donc que c'est la *substitution* des officiers du génie aux entrepreneurs qui a causé tout le mal et amené tous les mécomptes.

Cette cause, qui n'est pas contestée pas plus que ses fâcheuses conséquences, expliquerait, à elle seule, comment tous ces hommes habiles, habitués à des travaux autrement difficiles que ceux des forts, après avoir gagné dans leurs entreprises précédentes, ont tous forcément subi, *à la même époque, dans des circonstances identiques,* des pertes énormes, sous la direction autoritaire qui les a anihilés.

CONCLUSION

CHAPITRE XIII.

NÉCESSITÉ D'UNE ENQUÊTE SOUS FORME D'EXPERTISE.

Nous avons tracé à grands traits l'historique des entreprises des forts, et donné avec impartialité l'explication de toutes les ruines qui aujourd'hui demandent une réparation.

Nous avons dit pourquoi et comment des travailleurs, habiles, expérimentés, actifs, ayant toutes les chances de réussite, ont éprouvé des pertes sans précédents.

Nous avons établi qu'ils ont dû subir toutes les fausses manœuvres, toutes les imprévisions, toutes les augmentations de dépenses commises par MM. les officiers-directeurs, et que bien certainement leur vieille expérience acquise dans toute une vie de travaux fructueux, quoique plus difficiles, leur aurait évitées.

Nous avons enfin montré que l'attitude du génie lui avait été imposée par les circonstances politiques traversées, et qu'en somme on ne pouvait l'accuser que d'un sentiment des plus honorables, un patriotisme poussé à l'extrême.

Car la situation commandait, il fallait lui obéir.

Le salut de la patrie avant tout !

Pour nous rendre des frontières fortifiées, les ingénieurs militaires ont sacrifié les intérêts des entrepreneurs, méprisé les conventions, agi à leur guise, triplé décuplé les dépenses.

Ils ont bien fait !

Reste maintenant à résoudre la question de *responsabilité* et par suite de *réparation* qui se dégage de tous ces débats.

Qui doit supporter les pertes ?

L'entrepreneur ?

Ou l'Etat ?

La réponse ne peut être douteuse.

Soit que les pertes résultent d'abus de pouvoir, ou comme nous le pensons de cas de force majeure, causés par les événements politiques, elle ne peut varier.

Les entrepreneurs ont terminé leurs ouvrages, ils ont exécuté plus que leur marché.

Ils ne demandent ni bénéfices ni indemnités bornant leur ambition à la récupération de leur argent.

L'Etat, au contraire, a lui-même *tout mené, tout dirigé* sur le dos de l'entrepreneur.

Il a modifié, augmenté ou diminué les plans, écourté les délais impartis pour l'exécution, changé toutes les conditions du marché, déchiré en un mot le contrat d'entreprise si bien qu'il n'y a eu, à proprement parler, qu'une *régie*.

Il l'a reconnu en faisant la convention de 1876.

Il doit le reconnaître aujourd'hui encore, car *après* comme *avant* 1876, quoique les circonstances politiques eussent changé, les agissements de ses agents ont été absolument les mêmes.

C'est donc l'Etat qui doit garder pour lui les dépenses qu'il a *précisées* et *fait faire*, et *dont*, surtout, *il a profité*.

Et les entrepreneurs ont à lui présenter les notes de dépenses rédigées par MM. les officiers du génie, et que ceux-ci ont bien voulu leur faire payer.

Cette conclusion résulte fatalement des faits.

Elle ressort également des principes du droit, qui *régissent* les marchés, et des articles que nous avons précédemment cités.

L'Etat n'a pas tenu compte de *la convention légalement formée avec l'entrepreneur qui tenait lieu de loi et qu'il devait exécuter de bonne foi.* (Art. 1134 du Code civil.)

Le consentement de l'entrepreneur *n'était pas valable,*

car *ce consentement n'a été donné que par erreur* (art. 1109 du Code civil) en 1874 comme en 1876.

Et cette erreur était *une cause de nullité* des conventions parce qu'elle tombait *sur la substance même de la chose qui en était l'objet* (art. 1110).

En effet, l'Etat, et encore une fois il l'a reconnu, n'a pas exécuté le marché.

Les entrepreneurs ont cru soumissionner une entreprise dans les conditions précisées par les devis et les cahiers des charges, tandis qu'ils se sont trouvés exécuter à leurs risques et périls une régie déguisée.

Il y a eu évidemment *erreur* sur la *substance* même de l'*objet* de la convention.

Et ceci est vrai pour le marché originaire de 1874 comme pour le règlement complémentaire de 1876.

Peu importe, au point de vue de la responsabilité, que ce soit par suite de *circonstances politiques* constituant des *cas de force majeure.*

C'est, en effet, un principe d'équité inscrit dans nos lois, que les cas de force majeure, ou les cas fortuits, ne peuvent être à la charge de l'entrepreneur (art. 1148 du code civil.)

Or, quel cas plus flagrant de force majeure que : la raison d'Etat, ou le fait du prince, un danger de guerre, la nécessité de se défendre devant des menaces d'invasion !

N'est-ce pas là, comme le veut Ulpien : *une force irrésistible*, ou, comme l'exige le code civil : *un événement contre lequel la prévoyance ou les forces humaines sont impuissantes ?*

Aucun doute n'est possible, l'État seul est responsable.

Le cadre restreint que nous nous sommes tracé et qui est celui du simple historien, ne nous permet pas de donner de plus grands développements à ces propositions, que démontreront en temps et lieu les avocats des intéressés.

Mais quoi qu'il en soit, il y a là une situation qui s'impose, et dont la solution est inévitable.

Il faut que la lumière se fasse et qu'elle se fasse vite sur les réclamations dont le nombre égale presque celui des entreprises.

MM. les officiers du génie ont reçu de nouveaux grades ou des récompenses aussi honorables que méritées, pour l'exécution des nouveaux travaux de défense; plus modestes les travailleurs qui ont contribué à cette œuvre nationale, se contentent de demander justice.

Mais ils la désirent prompte et souveraine, afin que des ruines nouvelles ne s'ajoutent pas aux ruines qui existent déjà.

Pour cela, ils ne demandent ni des tribunaux d'exception ni une juridiction spéciale.

Restant dans le droit commun, ils émettent simplement le vœu : que *leurs réclamations soient examinées rapidement*, et que pour cela l'Etat, renonçant à employer des atermoiements, véritablement indignes de lui, *accepte les expertises demandées* aux conseils de préfecture par les entrepreneurs malheureux.

Il n'y a, en effet, que des experts qui puissent trancher les difficultés existantes.

Le contrat ayant été détruit par l'Etat, dans les conditions que nous avons indiquées, il est évidemment déchu du droit de dresser les comptes, dont, du reste, les éléments réguliers lui font défaut.

Les entrepreneurs, de leur côté, n'ont pas la prétention d'être crus sur parole.

Des *tiers* désintéressés et compétents, peuvent donc seuls éclairer et régler ces situations contradictoires.

Une *enquête sous forme d'expertise* est par suite indispensable.

On nous dit que l'Etat, semblant fuir la lumière, repousse toutes les demandes d'expertises et emploie tous les moyens en son pouvoir pour retarder le plus possible la solution de ces litiges brûlants.

Nous ne pouvons le croire.

Il est trop soucieux de son honneur pour refuser le débat et employer les chicanes de procédure, ressources suprêmes du mauvais débiteur.

Sans doute, s'il le veut, il peut retarder pendant 10 ans la solution des difficutés actuelles.

Grâce au mécanisme compliqué de notre administration dela guerre, aux lenteurs ordinaires ou excitées des bureaux, à l'arsenal de moyens dilatoires dont fourmillent nos codes il pourrait même prolonger indéfiniment le débat.

Pendant ce temps le mal s'aggraverait, l'industrie serait privée d'entrepreneurs de premier ordre; ceux-ci, ayant tous leurs moyens d'action paralysés, ne pourraient, dans les grands travaux de chemins de fer projetés, apporter leur concours si utile, ni trouver l'occasion de réparer leurs pertes, beaucoup d'entre eux disparaîtraient même, et nous reviendrions ainsi aux plus mauvais jours de notre histoire où la *justice* n'était qu'un mot et le *droit* une illusion.

Mais l'Etat ne peut accepter ce rôle incompatible avec le gouvernement républicain et le régime de progrès sous lesquels nous vivons.

Qu'on en finisse donc vite et dignement avec ces questions aussi irritantes que dangereuses, touchant aux points les plus sensibles de notre amour-propre nationale.

Il y va de la dignité de l'Etat dont le devoir est, avant tout, d'être le premier justicier.

Il n'a pas d'autre alternative que :

De s'exécuter ;

Ou d'accepter un débat prompt et au grand jour.

Car seulement alors, la question sera tranchée ;

Ou bien satisfaction sera donnée aux réclamants ;

Ou bien le public instruit par des décisions judiciaires rendues en pleine connaissance de cause, et devant lesquelles tous s'inclineront, verra :

Si les entrepreneurs en imposent, en produisant de fausses assertions ;

Ou si au contraire, victimes de circonstances exceptionnelles, constituant des cas de force majeure, ils sont en droit de se faire rembourser par l'Etat les sommes considérables que ceux dont il est responsable leur ont fait perdre dans l'exécution de ses ordres.

Mais il faut que justice soit faite !

C'est le but unique que nous poursuivons.

Et nous désirons qu'il soit atteint, non pas seulement dans l'intérêt des entrepreneurs malheureux, mais aussi et surtout dans celui de notre vieille loyauté Française.

TABLE DES MATIÈRES

AVANT-PROPOS III

GÉNÉRALITÉS

I. Circonstances génerales dans lesquelles ont eu lieu les entreprises des Forts 6
II. Etat de nos fortifications avant la guerre de 1870 10
III. Fonctionnement du service du génie 13
IV. Revue sommaire des principales entreprises 15

HISTORIQUE

V. Conditions dans lesquelles ont eu lieu les adjudications .. 25
VI. Comptabilité du génie. 33
VII. Nature et caractère du contrat intervenu entre l'État et les entrepreneurs des forts 35
VIII. Complications politiques ; cas de force majeure 39
IX. Causes générales des pertes éprouvées 43
X. Absence de plans. Imprévisions 47
XI. Vitesse extra-contractuelle imprimée aux travaux 53
XII. Substitution de l'État à l'entreprise 55

CONCLUSIONS

XIII. Nécessité d'une enquête sous forme d'expertise 63

Paris. Typ. A. LANHEUIE et LARGUIER, 17, rue de l'Echiquier.

Du même auteur :

L'ÉTAT ASSUREUR

PROJET DE CRÉDIT AGRICOLE

UNE LOI A REFAIRE

OU

CRITIQUE DE LA LOI DE 1867 SUR LES SOCIÉTES

www.ingramcontent.com/pod-product-compliance
Ingram Content Group UK Ltd.
Pitfield, Milton Keynes, MK11 3LW, UK
UKHW031056260726
13965UKWH00006B/1427